人人了解消防

人人关注消防

人人参与消防

本书编委会

主　　编：李伟民　薛　林
副 主 编：谈　迅　杨　昀
编　　委：姚海荣　薛　波　朱　江
参编人员：李　胜　吴佩英　闻　宇　唐　郁
　　　　　苏　新　李杰辉　吴　疆　林　灵
　　　　　秦文岸　王荷兰

社区家庭消防安全

119问

应急管理部上海消防研究所
上海市消防救援总队 编

江苏大学出版社
JIANGSU UNIVERSITY PRESS

镇 江

图书在版编目(CIP)数据

社区家庭消防安全 119 问 / 应急管理部上海消防研究所,上海市消防救援总队编. — 镇江:江苏大学出版社,2022.12(2023.11 重印)

ISBN 978-7-5684-1920-8

Ⅰ.①社⋯ Ⅱ.①应⋯ ②上⋯ Ⅲ.①消防－安全教育－问题解答 Ⅳ.①TU998.1-44

中国版本图书馆 CIP 数据核字(2022)第 247513 号

社区家庭消防安全 119 问

Shequ Jiating Xiaofang Anquan 119 Wen

编　　者/应急管理部上海消防研究所　上海市消防救援总队

插图绘制/朱禹韬　吴　越

责任编辑/郑晨晖

装帧设计/孙　妍

出版发行/江苏大学出版社

地　　址/江苏省镇江市京口区学府路 301 号(邮编:212013)

网　　址/http://press.ujs.edu.cn

电　　话/0511-84446464(传真)

印　　刷/南京艺中印务有限公司

开　　本/890 mm×1 240 mm　1/32

印　　张/4.25

字　　数/154 千字

版　　次/2022 年 12 月第 1 版

印　　次/2023 年 11 月第 3 次印刷

书　　号/ISBN 978-7-5684-1920-8

定　　价/29.80 元

如有印装质量问题请与本社营销部联系(电话:0511-84440882)

前言
PREFACE

　　火灾是最为常见的威胁人们生命财产安全的灾害之一。增强火灾防范意识，掌握基本的消防技能，是每一个公民应该具备的基本素质。《中华人民共和国消防法》规定：任何单位和个人都有维护消防安全、保护消防设施、预防火灾、报告火警的义务。为此，我们编撰了这本《社区家庭消防安全 119 问》。本书采用一问一答的形式，向读者宣传和普及消防安全知识和技能。全书分为消防知识、生活防火、设施器材、避险逃生、应急处置、社区消防 6 个板块。

　　希望本书能为大家答疑解惑，进一步提升全民消防安全素质。让我们共同防范火灾风险，建设美好家园。

目 录

CONTENTS

■ 消防知识

■ 生活防火

■ 设施器材

■ **应急处置**

■ 社区消防

1. 燃烧，为什么需要三个条件？

所谓燃烧，是指可燃物与氧化剂作用发生的放热反应，通常伴有火焰、发光和（或）烟气的现象。由于燃烧不完全等原因，燃烧产物中会混有一些小颗粒，这样就形成了烟。

燃烧的发生和发展，必须具备三个必要条件，即可燃物、助燃物（氧化剂）和引火源（温度）。只有在这三个条件同时具备的情况下，燃烧才能发生，如果有一个条件不具备，那么燃烧就不会发生或者停止发生。

可燃物 + 助燃物 + 引火源

小知识

可燃物、助燃物和引火源是燃烧的三个必要条件，但燃烧的发生需要三个条件达到一定的量，并且存在相互作用的过程，这就是燃烧的充分条件。

2. 火灾的定义是什么?

火灾是指在时间或空间上失去控制的燃烧所造成的灾害。其中包括两层含义:一是前提——燃烧失去控制;二是后果——造成灾害。

3.金属也可以燃烧吗?

2021 年 8 月 19 日晚，河北省保定市发生了一起金属镁燃烧事故。所幸扑救及时，这起事故没有造成人员伤亡。

金属镁在空气中是可以燃烧的。镁与氮气和氧气可以发生剧烈的化学反应，发出强烈的白光。正因为镁的这种性质，镁丝早期被用来充当闪光灯，称作"镁光灯"。

镁光灯

小知识

国家标准《火灾分类》（GB/T 4968—2008）根据可燃物的类型和燃烧特性将火灾分为 A、B、C、D、E、F 六类。

①A 类火灾：固体物质火灾。这种物质通常具有有机物性质，一般在燃烧时能产生灼热的余烬。例如木材、棉、毛、麻、纸张火灾等。

②B 类火灾：液体或可熔化的固体物质火灾。例如汽油、煤油、原油、甲醇、乙醇、沥青、石蜡火灾等。

③C 类火灾：气体火灾。例如煤气、天然气、甲烷、乙烷、氢气、乙炔火灾等。

④D 类火灾：金属火灾。例如钾、钠、镁、钛、锆、锂等火灾。

⑤E 类火灾：带电火灾。物体带电燃烧的火灾。例如变压器等设备的电气火灾等。

⑥F 类火灾：烹饪器具内的烹饪物（如动植物油脂）火灾。

火灾的类型不同，灭火器的选择不同，灭火的方法也不同。

4.自然因素引发火灾的原因有哪些?

自然因素引发火灾的原因有自燃、静电、雷击等。

5.哪些人为因素可能引发火灾?

引发火灾的人为因素主要有使用明火不慎、电气设备安装或使用不当、违章操作、玩火、吸烟、纵火等。

6. 火灾的发展过程分为哪几个阶段？

火灾的发展过程大致可分为初期增长阶段、充分发展阶段和衰减阶段。

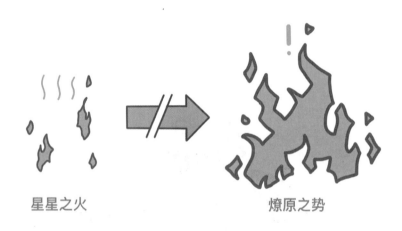

星星之火　　　　　　　　　　　燎原之势

小知识

　　火灾在初期增长阶段就好比"星星之火"，这时火灾燃烧范围不大，仅限于初始起火点附近，火灾发展速度较慢。初期增长阶段的火灾如果没有得到有效控制或扑灭，就会进入充分发展阶段，形成"燎原之势"。所以，火灾的初期增长阶段是灭火的最佳时机。

7.什么是轰燃?

在影视作品中，经常会有主人公在火灾现场突然发生猛烈燃烧时惊险逃生的画面。其实这种猛烈燃烧就是火灾中的轰燃现象。

持续燃烧

温度持续上升

小知识

　　建筑室内的火灾持续一定时间后，燃烧范围不断扩大，温度不断升高，室内的可燃物在高温的作用下不断分解，并释放出可燃气体。当温度达到 400 ~ 600℃时，室内绝大部分可燃物起火燃烧。这种在某一空间内所有可燃物的表面全部卷入燃烧的瞬变过程称为轰燃。

　　轰燃是室内火灾最显著的特征之一，标志着室内火灾进入全面发展的猛烈燃烧阶段。轰燃发生时人们往往没有影视作品中那么幸运，若在轰燃之前还没有从室内逃出，则很难幸存。

8. 建筑物内火灾蔓延的途径有哪些？

建筑物内火灾蔓延的途径主要有水平方向蔓延和垂直方向蔓延两种。建筑防火的一个重要理念就是阻止火势蔓延，例如：

① 在建筑物之间修筑防火墙、留足防火间距；

② 对于危险性较大的设备和装置，采取分区隔离和远距离操作等方法。

9.古人如何防火?

自古以来，防火都是一个事关民生的重要课题。古人有许多防火的方法一直被沿用至今。

在故宫里就有一件消防利器——"吉祥缸"。据资料记载，清代中期，故宫宫内一共有大缸 308 口，当时称其为"吉祥缸"或"太平缸"。这些"吉祥缸"内常年都储备有清水，一旦宫中失火，人们可以就近从缸内取水扑救。"吉祥缸"的作用相当于现在的消防水箱、消防水池。

徽派建筑中著名的"马头墙"一直被沿用至今。这道独特的风景线其实就是为阻止火势蔓延，避免形成"火烧连营"而设计的防火墙。

始于南宋时期的"火巷"，也叫"备弄"，即在建筑群中设置一些小巷子，两侧挖沟储水，以备万一发生火灾时人们有一条逃生的通道。

10.现代建筑设计中有哪些防火理念？

防火的基本原理是限制燃烧条件的形成以及阻止火势的蔓延。

耐火阻燃设计

小知识

现代建筑设计中为控制可燃物、控制助燃物、消除着火源、阻止火势蔓延而采取的一系列措施都是防火原理的应用。例如，建筑耐火等级、防火分区和防火分隔、防烟分区、室内装修防火等。

11.为什么有时水不能灭火?

2020年12月14日,位于杭州湾经济技术开发区的一辆满载"保险粉"的货车起火。司机用水灭火,导致火势加重,现场浓烟滚滚,火光冲天。最终消防员赶到现场用沙土覆盖,才将火扑灭。这究竟是怎么一回事呢?

原来,"保险粉"的化学名称为连二亚硫酸钠,是一种化学物质,遇水极易发生反应并燃烧,还有可能引起爆炸。所以这类物质引发的火灾是不能用水来扑救的。

 小知识

在现实生活中,还有许多物质在火灾中不能用水来扑救:

①过氧化物(如钾、钠、钙、镁等的过氧化物)。这类物质遇水后会发生剧烈的化学反应,同时释放出大量的热量,并产生氧气从而加剧燃烧。

②轻金属(如金属钠、钾等)。这类物质与水作用后能生成氢气和释放出大量热量,容易引起爆炸。

③高温黏稠的可燃液体、密度小于水和不溶于水的易燃液体。这类物质引发的火灾也不能用水扑救,否则会引起可燃液体的沸溢和喷溅,导致火势蔓延。

④硫酸、硝酸等酸类腐蚀性物品。这类物质引发的火灾也不能用强大的水流扑救,因为这类物品遇到加压密集水流时会立刻沸腾,造成酸液四处飞溅。

12.灭火的基本方法有哪些?

灭火的基本方法主要有冷却法、窒息法、隔离法和化学抑制法。

冷却法

小知识

　　冷却法灭火是指通过降低燃烧物的温度,使温度降到燃点以下的灭火方法。冷却法灭火常用的灭火剂是水。

　　窒息法灭火是通过采取适当的措施阻止空气进入燃烧区或用不燃物质稀释空气中的含氧量,使燃烧因隔绝或缺乏氧气而停止的灭火方法。具体的方法有:用沙土、水泥、湿麻袋、湿棉被等不燃或难燃物质覆盖燃烧物;喷洒雾状水、干粉等灭火剂覆盖燃烧物;用二氧化碳、氮气、水蒸气等非助燃气体灌注发生火灾的容器、设备来降低空间的氧浓度,从而达到灭火的目的。

　　隔离法灭火是指将正在燃烧的物质和未燃烧的物质隔离,中断可燃物质的供给,阻止火势的蔓延。

　　化学抑制法灭火的原理是中断燃烧链式反应,进而使燃烧反应停止。化学抑制法灭火最常见的灭火剂就是干粉。

13.为什么电气线路容易引发火灾？

短路、过负荷、漏电、接触不良是电气线路引发火灾的几个主要原因。

● **短 路** 电气线路中的裸导线或绝缘导线的绝缘体破损后，火线与零线，或火线与地线在某一点碰在一起，引起电流突然大增的现象就叫短路，俗称碰线、混线或连电。短路时电阻突然减小，电流突然增大，其瞬间的发热量很大，远远超过了线路正常工作时的发热量，且在短路点易产生强烈的火花和电弧，使绝缘层迅速燃烧，金属熔化，从而引发火灾。

● **过负荷** 当导线中通过的电流量超过安全电流量时，导线的温度会升高，这种现象就叫导线过负荷。严重过负荷时，导线的温度会不断升高，甚至引起导线的绝缘层发生燃烧，从而引起火灾。

● **漏 电** 线路的某一个地方因为某种原因使电线或支架的绝缘能力下降，致使电线与电线之间、导线与大地之间有部分电流通过，称为漏电。当发生漏电时，漏泄的电流在流入大地途中遇到电阻较大的部位时，局部会产生高温，从而引起火灾。

● **接触不良** 在有较大电流通过的电气线路上，当某处出现接触电阻过大时，会在局部范围内产生极大的热量，使金属变色甚至熔化，从而引起导线的绝缘层发生燃烧，进而引起火灾。

14.常见的火灾隐患有哪些？

火灾隐患是指可能导致火灾发生或火灾危害增大的潜在不安全因素。

安全通道禁止堆放杂物

 小贴士

生活中我们经常看到"消除火灾隐患"的宣传标语，那么常见的火灾隐患有哪些呢？让我们一起来理一理。我们身边常见的火灾隐患有：

① 安全疏散通道被占用、堵塞；

② 安全出口上锁；

③ 逃生门、窗被封堵；

④ 消防设施和器材配备不足，消防设施和器材被损坏或者不能正常使用；

⑤ 使用易燃、可燃材料装修；

⑥ 消防车通道被占用；

⑦ 违规使用明火，在禁止烟火的场所吸烟、乱扔烟头；

⑧ 私拉乱接电线，电线老化或超负荷使用；

⑨ 电动自行车违规充电、停放。

15.日常生活中哪些时段容易发生火灾？

数据显示，一天 24 小时中，最容易发生火灾的时段是凌晨 1：00 至 4：00。而在这个时段，人们一般处于熟睡状态。

 **小知识**

不知道大家有没有想过，为什么火灾会在凌晨 1：00 至 4：00 这个时段向人们发难？

在这个时段，忙碌了一天的人们大多都入睡了，如果对火源、电源管理不善或者对易燃液体、可燃气体疏于管理，就可能引发火灾。熟睡中的人们对初起火灾的反应往往较慢，待火焰燃起、烟雾扩散开来的时候可能已失去逃生的良机。

16.家庭装修怎样不惹"火"?

2012 年 5 月 16 日,黑龙江省哈尔滨市香坊区一处民宅,因工人在装修时不慎将装修材料引燃,造成两死一伤。

小贴士

装修现场可燃物多、物品杂乱、电线经常"密密麻麻",稍有不慎就会引发火灾。为了尽量避免火灾的发生,我们需要做到以下几点:

① 在装修时应尽量避免或者减少选用易燃、可燃材料。

② 电气线路的敷设要符合安全要求,选择正规厂商的电线,并采取穿管或卡槽保护的方式布线。

③ 装修中使用易于挥发的油漆、涂料及稀释剂时,要保持空气畅通。装修时,切割、电焊材料产生的火花也容易引起火灾,因此在进行切割、电焊作业时,一定要清除周边的可燃物。尤其需要注意的是,装修现场有很多易燃易爆的物品,要禁止吸烟。如果在装修现场吸烟,那么很有可能把整个房间点燃。

④ 施工现场最好每天打扫一次,清除木屑、漆垢等可燃物品。

⑤ 施工时,最好配备灭火器以备不时之需。

17. 生活中哪些日用品具有火灾危险性?

　　最近, 各大短视频平台突然流行起了画 "蓝色爱心" 的风潮。用花露水在地上画一个心形, 点燃后就可以出现蓝色心形火焰。不少网友纷纷效仿。你知道吗? 这种 "爱心烟火" 极易引燃纸片、干草等可燃物, 可能会造成无法挽回的后果。

 小知识

　　花露水是可以燃烧的, 原因是其中含有乙醇 (酒精)。另外, 生活中常用的指甲油、杀虫剂、驱蚊剂、空气清新剂、摩丝等物品都含有特殊成分, 在其保管和使用过程中 "暗藏杀机"。

　　指甲油含 70% ~ 80% 的易挥发溶剂, 属于易燃品; 驱蚊剂、空气清新剂属于液体压缩物, 在受热、剧烈震动时可能会发生爆炸; 摩丝属易燃易爆化合物。因此, 我们在存放和使用这些物品时, 要注意查看其保存条件和使用注意事项, 以免发生意外。

18. 插线板上为什么不能插太多电器？

2017 年 4 月 30 日晚，天津市河东区某菜市场发生了一起火灾，41 家商户的所有货物都付之一炬。

经勘察认定，这起火灾是由一个水果店内连接冰柜电源线的插线板的延长线部位发生了短路，造成电线局部高温，引燃了周围的包装盒等可燃物引发的。

 小贴士

有些人为了方便，经常将多个电器的插头插在同一个插线板上，形成密密麻麻的"蜘蛛网"。但每个插线板都有额定电流，如果同时使用多个大功率电器，就容易造成线路短路，从而引发火灾。所以大家应注意不要在一个插线板上同时连接多个电器，以免发生危险。

19.万用插线板安全吗？

有一种插线板号称万用插线板，这种插线板采用三孔设计，可兼容多种插头，其插孔较大，容易出现漏电、触电现象，并且其接片与插头的接触面积过小，容易导致插线板过热，进而引发火灾。因此，这种插线板已经被国家明令禁止生产了。

国家标准《家用和类似用途单相插头插座型式、基本参数和尺寸》（GB/T 1002—2021）中取消了单相两极双用插座（扁圆插座），由于扁圆插座的插孔较大，容易产生误插入的情况，存在触电风险。《家用和类似用途插头插座 第 2-5 部分：转换器的特殊要求》(GB/T 2099.3—2022) 中允许将 2P 插座插孔（两插插孔）和 2P+E 插座插孔（三插插孔）排列组合，但不能相互重合或共用。这就要求插座采用两插和三插插孔分开组合的形式，也就是说两插和三插插孔是独立分开的，共有 5 个插孔。这种插座与插头的接触面积更大，接触更紧密，降低了触电隐患。《家用和类似用途插头插座 第 2-7 部分：延长线插座的特殊要求》(GB/T 2099.7—2015）中要求延长线插座应采用保护门，避免因手指或金属物件碰触插座插孔而导致触电事故发生，从而提高了延长线插座的安全性。

赶快查一查你家是否还在使用老式的万用插线板，也要让身边的朋友知道它的危害。

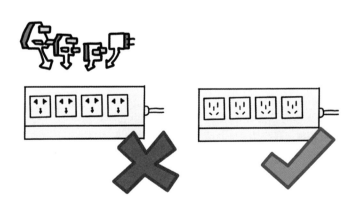

20.如何防止"明灯"成"火患"？

2014 年 12 月 20 日，福建省漳州市龙海市石码镇一户居民住宅突发火灾，造成 4 人不幸死亡。这起火灾是由白炽灯引燃周围可燃物引发的。

 小贴士

照明灯具是生活中必不可少的用品，因为随处可见，所以很多人会忽视其安全隐患。那么我们应该如何安全使用照明灯具呢？一定要牢记以下这几点：

① 照明灯具应与可燃物保持安全距离；

② 不可用布、纸等可燃材料制作灯罩；

③ 不要把照明灯具安装在易燃、可燃的建筑构件上，在灯具靠近易燃材料的构件处应安装阻燃或不燃材料将其隔开；

④ 照明灯具应选用适配的导线，以防止过负荷，导线的敷设应采取穿管或卡槽保护方式；

⑤ 不要连续长时间使用照明灯具，以防其发热引燃周边的可燃物。

21.如何防止电热毯变成"温暖杀手"？

2019年12月9日凌晨，南京市鼓楼区的一户居民家中突然发生火灾，过火面积约10平方米，引发火灾的是居民家中连续使用了8小时的电热毯。

电热毯是许多人的"过冬神器"，但每年由于不安全使用电热毯导致的火灾事故频发。

小贴士

我们在使用电热毯时要注意以下事项：

① 使用电热毯时一定要铺平，不可折叠使用；应在睡觉前30分钟预热，入睡时断开电源；最好购买温控型电热毯，加热到一定温度它就会自行断电保温。

② 当外出或停电时，必须拔下电源插头；电热毯不要与人体直接接触，不能只在电热毯上铺一层床单，以防人体的揉搓使电热线打褶，导致局部过热或电热线损坏；通电后，如果电热毯不发热或只是局部发热，或者电源线发热、发软，就说明电热毯可能有故障，应立即停止使用；日常使用中要注意防潮，尤其要防止小孩和病人尿床。

③ 电热毯一旦起火，可用干粉灭火器、二氧化碳灭火器等灭火，或者先切断电源，然后再用水灭火，切不可在未切断电源的情况下就用水灭火，以防触电。

22.如何安全使用电取暖器？

　　每当寒潮来袭，气温骤降，不少家庭就会拿出电取暖器御寒。然而，这类取暖设备如果使用不当或稍不留神就会失火。

 小贴士

　　我们在使用电取暖器时，一定要注意以下几点：
　　① 电取暖器要与可燃物保持一定距离，不要用电暖器烘烤衣物；
　　② 不可长时间连续使用电取暖器，外出时记得关闭电源，以免电取暖器过热而引起火灾；
　　③ 电取暖器的插头最好插在带有过流保护装置的插线板上；
　　④ 如果电取暖器出现故障，要及时更换。

23.怎样预防空调"发火"？

2021年7月29日，江苏省淮安市涟水县的一处民房发生火灾。消防救援人员到场后，发现是正在使用的空调着火，并引燃床头柜。所幸扑救及时，火灾未造成人员伤亡。

 小贴士

空调属于大功率电器，在夏季和冬季使用的频率极高，由空调引发的火灾也屡见不鲜。防止空调起火要注意以下事项：

① 空调不要直接安装在可燃物上；

② 空调的电源线最好用金属套管予以保护；

③ 每台空调应当有单独的保险熔断器和电源插座，不要将其与其他电器共用一个插线板；

④ 空调不要靠近窗帘、门帘等可燃物；

⑤ 外出时，应当关闭空调电源；

⑥ 长时间停运的空调，在重新启动前，先要进行检查和保养，千万不能让其"带病"运行。

24.饮水机真的"水火不相容"吗？

2018年6月12日早晨，上海的刘女士全家都还在熟睡中。突然，客厅传来"砰"的一声巨响。惊醒的刘女士连忙到客厅查看，竟然是饮水机着火了！

随着现代人生活质量的不断提高，饮水机已经成为我们的日常生活用品。但是如果不了解饮水机的安全使用注意事项，一不小心就会引发事故。

 小贴士

在日常生活中，我们应该如何安全地使用饮水机呢？

① 购买合格产品，并按产品说明书选配插座；

② 在下班或离开家时要随手关掉饮水机的电源开关，这样既省电又能预防火灾事故的发生；

③ 要防止饮水机"干烧"，在没水的情况下要切断电源；

④ 当饮水机出现焦味及异常声音或漏水时，应立即关闭开关，及时检查修理；

⑤ 不要将饮水机放在易燃物品附近，防止发生火灾后造成火势蔓延。

25.电熨斗的安全使用指南，你知道吗？

2015 年 9 月 18 日，温州市的一处民房起火，过火面积约 120 平方米，共造成 4 人死亡、1 人受伤。这起火灾是由电熨斗长时间通电，引燃了下面的木板引发的。

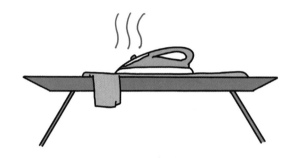

电熨斗大家都很熟悉，它是将电能转换成热能的一种电热设备。电熨斗引发的火灾事故屡见不鲜，主要是因为电熨斗长时间通电致使其表面温度过高，从而使可燃物体迅速碳化燃烧。

我们在使用电熨斗时，应该注意以下事项：

① 人千万不要离电熨斗太远，在熨烫衣物的间歇，要把电熨斗竖立放置或放置在专用的电熨斗架上，切不可直接放在正在熨烫的衣物上，也不要把电熨斗放在可燃的木制品上；

② 使用完毕，要等电熨斗完全冷却后再收存起来；

③ 切勿长时间通电，以防电熨斗过热烫坏衣物或引起燃烧；

④ 不要与其他大功率电器同时使用一个插座，以防线路过载引起火灾；

⑤ 调温型电熨斗的恒温器失灵后要及时维修，否则温度无法得到控制，容易引起火灾。

26.吹风机也能"吹"出火灾吗？

2020年8月23日，北京市朝阳区一户居民家中发生火灾，造成2人死亡。经调查，房主生前使用吹风机处理受潮的床单，并将吹风机放在床铺上，高温引燃了床单导致火灾发生。

看似普普通通的吹风机，真的有这么大"威力"吗？消防员做了一个实验，在一张空床上铺设了被褥，打开吹风机后将其放进被褥里，被褥阻挡了吹风机的进出风口。从吹风机被放进被褥里到引燃被褥，整个过程耗时不到1分钟。

 小贴士

我们应该如何安全地使用吹风机呢？

① 选购吹风机时，尽量选择有过热保护功能的机型。

② 使用吹风机时，人不能离开，更不能随意将其搁置在床单、沙发等可燃物上。

③ 不要长时间使用吹风机，以免温度过高引起火灾。不要在浴室或湿度大的地方使用吹风机，避免触电危险。

④ 吹风机使用结束后，记得关闭开关，并拔下电源插头。

⑤ 吹头发时，吹风机要与头发保持一定距离，避免烫伤头皮。

27. 家中的路由器也会起火吗？

很多人为了节省空间，将路由器、光纤猫、交换机、机顶盒等小电器堆放在电视柜里面。其实这样做很危险。

 **小贴士**

将路由器翻转过来会发现，路由器背面有许多小孔，这些小孔都是用来散热的。因此，路由器的摆放位置很重要，不要将路由器与交换机、机顶盒等堆叠在一起，要选择通风条件良好的地方放置。

此外，虽然理论上路由器是可以连续较长时间工作的，但"较长时间"并不代表一直不关机，最好有规律地重启它。如果离家外出长时间不使用，那么应断电关闭路由器。

28.怎样预防电脑引发火灾?

现代人日常生活都离不开电脑，由电脑引发火灾的事件也时有发生。如果电脑周围放有可燃物，一旦发生火灾，火势极易迅速蔓延。

 小贴士

为预防电脑引发火灾，我们要做好以下措施：

① 选择合格的电源插座，并尽量避免电源插座超负荷；

② 控制使用电脑的时间，让电脑休息；

③ 不要让电脑长时间处于待机状态，使用完毕要关闭电源；

④ 注意电脑散热情况，周围不要放置可燃物；

⑤ 如果在使用电脑时闻到异常的气味，应立即停止使用，关闭电源，并请专业人员检修。

29.怎样预防冰箱起火?

2017 年 6 月 14 日，英国伦敦一栋高层公寓楼发生火灾，造成 79 人遇难。引发这起火灾的正是一台失火的冰箱。

冰箱起火的原因大多是线路老化。有些冰箱的温控器意外失灵也会引发火灾。冰箱在使用若干年之后，其线路和核心部件都会出现损耗，造成耗电量增大，这部分耗电会转化成热量，形成火灾隐患。

 小贴士

为预防冰箱起火，我们一定要注意以下几点：

① 冰箱使用的电路必须装有漏电保护器；

② 冰箱应放置在干燥通风的位置，周边不可堆放可燃物；

③ 冰箱发生故障时，应立即停机检查维修；

④ 冰箱到达使用年限后应及时更换，不可超期使用。

30. 手机为什么会变成"定时炸弹"?

我们经常会看到关于手机爆炸的新闻，手机爆炸大多是因人们晚上睡觉前给手机充电而引发的。手机发生爆炸会造成严重的生命和财产损失。

小贴士

在日常生活中，我们应该如何避免手机爆炸这种情况发生呢？大家要牢记以下几点：

① 不要边充电边玩手机；

② 不要把手机放置在高温处；

③ 不要长时间使用手机，手机过热时要停止使用；

④ 手机严重损坏时应报废；

⑤ 不要用尖锐的物品触碰手机电池，不要挤压手机电池。

31.超期"服役"的家电有哪些隐患?

家用电器都有安全使用期限。可是在实际生活中，不少家庭的家电都存在超期"服役"的现象。

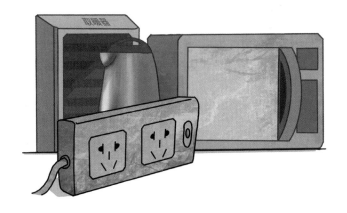

 小知识

超期"服役"的家电存在不少安全隐患，如电线老化、零件老化、内部元件发生短路等，可能会引发火灾。以电视机为例，其显示屏、开关、接插件等都是易损部件，超过使用年限后，这些部件的绝缘性、稳定性、可靠性都会下降，可能会引起燃烧甚至爆炸。超期"服役"的家电会更加耗电，成为家中名副其实的"电老虎"，通常超期"服役"家电的耗电量要比在正常使用期家电的耗电量多三四成。

32.电动自行车为什么频频起火？

电动自行车是便捷的交通工具，但近年来因电动自行车引发的火灾不断增多。仅 2020 年，上海市就发生了 400 余起因电动自行车充电而引发的火灾，造成 20 人死亡，19 人受伤。

 小知识

电动自行车火灾频发的原因主要有：

① 核心元器件质量不合格。有的车主为了追求更强的续航能力，对电动自行车的电池进行非法改装，这种行为存在极大的安全隐患。改装后的电池容易出现短路、发热等问题，会造成电动自行车在充电时出现故障，甚至可能会导致电动自行车在行驶或静止状态下发生自燃。

② 电池使用和充电不规范。例如，私拉乱接电源线、使用非原装充电器充电、长时间充电、在过于潮湿或者过热的环境中充电等。

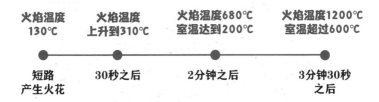

33. 为什么电动自行车起火极易造成人员伤亡?

电动自行车起火一般都是由电池故障引起的, 起火后短短几分钟内就会剧烈燃烧, 不易扑灭, 并伴随猛烈的爆炸。

电动自行车外壳多为塑料制品, 燃烧时会产生大量的有毒有害气体。电动自行车一旦起火, 短短 3 分多钟, 火焰温度可达 1000℃ 以上, 足以引燃周边的可燃物, 形成立体燃烧, 留给人们的逃生时间比想象中还要短。

超过一半的电动自行车引发的火灾都发生在夜间充电的过程中, 这个时段往往是人们熟睡的时候, 一旦发生火灾, 很难及时扑救, 极易造成人员伤亡。

火焰温度130℃	火焰温度上升到310℃	火焰温度680℃室温达到200℃	火焰温度1200℃室温超过600℃
短路产生火花	30秒之后	2分钟之后	3分钟30秒之后

34. 为什么不能在楼道内给电动自行车充电？

　　在楼道内停放电动自行车本身就是堵塞消防通道的行为，如果建筑内其他地方发生火灾，停放在楼道内的电动自行车会影响人们疏散逃生。

　　一旦停放在楼道内的电动自行车起火，作为逃生通道的楼道会被明火和浓烟包围，阻断人们逃生之路。因此，千万不能在楼道内给电动自行车充电。

楼道内严禁
电动自行车充电

35.电动自行车"车不入户"而"电池入户",火灾风险还存在吗?

2021年9月20日3时21分,北京市一小区发生火灾,造成5人死亡。经调查,这起火灾是因某租户将电动自行车的电池带入室内充电,电池发生爆炸而引起的。

**禁止电动自行车
电池入户充电**

小知识

单独的电池在充电时同样可能会引起爆炸,并且有的故障电池在没有充电时也会自燃。尽管国家明令禁止电动自行车进楼入户充电,但有一些人仍心怀侥幸,把电池卸下后带回家充电。这种做法害人害己,得不偿失。

36.怎样正确地给电动自行车充电?

唉呀！电动自行车充了一晚上电，忘记拔插头了！

小贴士

在给电动自行车充电时，我们应做到以下几点：

①使用已获生产许可证的厂家生产的质量合格的电动自行车、充电器和电池，不要违规改装电动自行车及其配件。

②电动自行车应停放在安全地点，不得停放在楼梯间、疏散通道、安全出口处，不得占用消防车通道。

③应按照使用说明书的规定进行充电，合理控制充电时间；充电应尽量在室外进行，周围不得有可燃物。

④禁止私拉乱接电源线路，勿飞线充电。飞线充电在天气突变的情况下易酿成火灾。

⑤住宅区物业服务企业和管理单位负责共用区域电动自行车停放、充电管理，开展消防安全巡查检查和消防宣传，应设置固定集中的电动自行车充电点，或设置带安全保护装置的充电设施供居民使用。

37.锂电池着火应如何扑救？

很多人可能没有认真想过这个问题：一旦发生锂电池爆燃，我们该如何灭火？有些人会想当然地认为，着火了，就用灭火器喷啊！没错，肯定需要灭火器。

然而，锂电池是一种能量极高的固体物质，它的明火虽然很容易被扑灭，但是其内部能量被高温激发后，如果没有得到充分释放，那么锂电池很快又会继续燃烧，甚至发生爆燃。

一旦锂电池发生了爆燃，我们可以先用灭火器（干粉灭火器和水基型灭火器都可以）将其引燃的外部明火扑灭，然后尽可能用水持续降温，这个过程耗时可能会很长，要有耐心。

因为锂电池燃烧后内部温度很高，能量持续释放，所以在这种情况下，常规的隔绝空气的灭火方法如灭火毯、沙土覆盖等，不仅不奏效，反而易导致热量散发不良形成更大的爆燃。

38.你的车里到底藏了多少"定时炸弹"？

　　消防部门曾做过实验：在烈日下，把一次性打火机放在车内，12分钟后打火机就会爆炸。爆炸瞬间，打火机喷出大量气体，塑料外壳被炸成碎片，十分危险。一次性打火机中装有液态丁烷，随着温度的升高，打火机内部的压力逐渐增大，最终打火机发生爆裂，严重时可能会引起燃烧。

　　平时看起来无害的物品，在特定环境和条件下可能会变成一枚"定时炸弹"。下面这些物品千万不要放在车内。

　　①车载香水。水晶或玻璃材质的香水瓶在太阳的暴晒下，可以形成类似放大镜的聚焦效果。

　　②老花镜。老花镜若长时间聚光，很容易使焦点的温度快速上升。

　　③各类罐装喷雾剂、充电宝、电池在高温下也有很大的安全隐患。

　　需要提醒的是，夏季停车首选地下车库和阴凉处，避免阳光暴晒。

39.厨房里到底藏了多少火灾隐患?

厨房可以制作美食，也存在火灾隐患。让我们一起来查找一下厨房里有哪些火灾隐患。

隐患1：灶具与可燃物未保持安全距离。塑料瓶装的食用油、纸巾、抹布属于易燃可燃物，将它们放在厨房炉灶灶具周围，容易导致火灾事故的发生。

隐患2：电器设备与水源的距离过近。在充分利用空间的同时，应注意电器设备要远离水源。如果电器设备靠近水源，容易受潮，引发触电事故。

隐患3：超负荷用电。一个插线板同时连接多种大功率电器设备，造成超负荷用电。

隐患4：油垢积聚过多。经常使用食用油煎炒烹炸，日积月累，灶具、脱排油烟机等处就会形成厚厚的油垢，如果不经常清理，这些油垢就有可能成为厨房火灾的元凶。

隐患5：燃气泄漏。燃气管道、燃气灶具、阀门等因老化或者使用不当发生泄漏，遇明火会发生爆炸。

40.家中祭祀怎样注意防火安全？

2018 年 3 月 31 日，浙江省杭州市某小区有一位居民在家中祭祀，并违规在 10 楼的楼道焚烧纸钱，因未及时将纸钱灰烬妥当处置，烟雾涌入 11 楼过道，致使正在楼道中的 91 岁老人死亡。

 小贴士

家中祭祀，我们应该注意些什么呢？

① 点烛、燃香时，应清理周围的可燃物，并进行现场看护，防止灰烬复燃或飞火引发火灾。

② 不要在楼道、门厅、走道等位置进行祭祀活动。

③ 居民家中设有电子香烛的，应定期检查电器线路，谨防发生火灾。

为了您和他人的生命安全，请文明祭祀，注意防火。

41. "小烟头、大隐患"，哪些不良的吸烟习惯容易引发火灾?

2019年12月，江西省景德镇一小区居民在阳台晒被子，不但没闻到自家被子上"太阳的味道"，反而闻到了一股烟味。走近一看，发现被子居然着火了，并且整个单元楼从18层至4层，有好几个阳台都在冒烟。

原来，住在24层的王某将未熄灭的烟头直接扔向了窗外，烟头落在了楼下阳台的被子上，从而导致此次火灾事故的发生。最终，王某被给予行政拘留10日的处罚。

抽烟不仅影响身体健康，而且容易引发火灾。燃着的香烟的中心温度可达700~800℃，可以点燃纸张、棉花、木材等易燃物。

小知识

因吸烟者的一些不良习惯而引发火灾的事故频频发生，主要有以下几种情况:

① 卧床吸烟。有些人喜欢卧床吸烟，往往一支烟还没有吸完，人就已经昏昏欲睡，未熄灭的烟头掉在被褥、蚊帐等可燃物上极易引发火灾。

② 在禁烟区域吸烟。如在厂区内或者加油站等一些明令禁止吸烟的区域违规吸烟，这也极易引发火灾。

③ 乱扔烟头。未熄灭的烟头还可以持续燃烧3分钟甚至更久，这个时间足以引燃周边的可燃物。这个不良的吸烟习惯是引发火灾最普遍的原因。

42.怎样避免"驱蚊神器"变成"火魔杀手"？

2021 年 6 月，湖南省长沙市某小区的一位租户在阳台点燃蚊香后就出门了，家中无人，蚊香引发了火灾。经消防员到场处置，虽然无人员伤亡，但阳台已被大火烧得面目全非。

保持距离

小贴士

许多家庭在夏季会使用蚊香等"驱蚊神器"，它们虽然可让我们免受蚊虫叮咬之苦，但也留下了安全隐患，稍不留神就会惹出祸端。这些"驱蚊神器"的使用方式可千万要记住了。

① 蚊香要放在不易被人碰倒或被风吹落的地方，要与桌、椅、床、蚊帐等可燃物保持一定距离，不要放在儿童摸得着的地方；

② 临睡前，应检查一下蚊香，确保安全后再睡觉；

③ 外出前，应熄灭蚊香再出门；

④ 室内有易燃液体（如酒精、汽油）时，不宜使用蚊香；

⑤ 点盘香时一定要将其放在金属支架或金属盘内；

⑥ 使用电蚊香时应先检查导线、插头是否完好，不要长时间连续使用，外出时要注意拔掉电蚊香的插头。

43.家有老人、残疾人，应该掌握哪些防火小妙招？

老人、残疾人都属于相对弱势的群体，因行动缓慢、意识迟缓，往往成为火灾受害的主要人群。老人、残疾人不慎引起的火灾，大多数是用火、用电不当或者是卧床吸烟等造成的。起初都是小火，但由于老人、残疾人行动不便，加之缺乏消防安全知识，如果身边无人相助，那么往往小火酿成大火，导致悲剧发生。

家人除了在物质上、精神上关爱老人、残疾人外，还要注意关心他们的消防安全。请注意以下几点：

①叮嘱老人、残疾人发生火灾时不要盲目救火、不要贪恋财物，应第一时间逃生并拨打119火警电话。平时在他们的手机里应当设置两个以上紧急求助电话，发生火灾后，他们可以利用手机中的紧急求助电话呼救。

②关照老人、残疾人不要在家中囤积大量可燃物。

③劝说老人、残疾人不要卧床吸烟，吸烟后要将烟头及时熄灭。

④提醒老人、残疾人厨房用火时，人不要离开。

⑤定期为老人、残疾人检查燃气灶具、电器线路等，发现问题及时修理、更换。

⑥安排专人照看行动不便的老人、残疾人。

44.怎样避免"熊孩子"玩火酿惨剧?

2019 年 1 月 6 日，桂林市某居民住宅发生火灾，造成 2 名儿童死亡。起火时，孩子的爷爷在一楼，2 名儿童在二楼的卧室内玩耍。十多分钟后，在一楼的爷爷听到玻璃炸裂的响声，匆忙上楼后发现卧室起了熊熊大火，2 名儿童不幸遇难。经消防部门调查认定，起火的原因是儿童玩火。

小孩子不能玩火!

 小贴士

儿童正处于对世界充满好奇的年龄阶段，缺乏对火灾危害性的认识，加上好动爱玩，时常发生因玩火引发的火灾。

我们怎样才能避免家中的"熊孩子"玩火呢?

① 从小对儿童进行防火安全教育，告诉他们火灾的危害性，培养儿童的防火意识；

② 避免儿童接触火种，家中的打火机等要放置在儿童拿不到的地方；

③ 家中的燃气灶具、火炉等使用完毕后或大人离家时，阀门一定要关闭或熄火封炉，不要留下火种；

④ 加强对儿童的监护，避免留儿童独自在家。

45.防盗窗会变成"夺命窗"吗？

2020年6月17日，湖南省娄底市某电器服务中心因工人随手丢弃的烟头引燃货物，大火封堵了一层的出口。一、二层的工作区全部安装了防盗窗，导致内部人员无法及时逃离火场，最终造成7人死亡的惨剧。

小知识

防盗窗，原本是用来防窗外的"不速之客"的，是对生命和财产的一种保护，但是在火灾发生的时候，防盗窗却成为阻碍逃生的"拦路虎"。居民应理性安装防盗窗，如果楼层较高，在非必要的情况下，尽量不安装防盗窗。即使安装防盗窗，也要安装带有逃生门的防盗窗。同时窗口附近不要堆积物品，以确保其畅通。

46.为什么不要在阳台上堆放杂物？

阳台是住房建筑的一部分，与防火有着密切的关系。如果房间失火，楼梯和走道又被烟火封堵，人们可在阳台暂避，等待救援，也可利用绳索通过阳台向没有着火的楼层或地面转移。楼下着火时，阳台还可阻挡火焰从窗口向上蔓延。

但在现实生活中，总是有人把阳台当作杂物间使用，在阳台上堆放木板、纸盒、废旧报纸等各类杂物。如果遇到燃放烟花爆竹或楼上扔下的烟头等外来火种，阳台就成为火势蔓延的媒介，从而引发火灾。

小贴士

我们必须牢记阳台空间不堆放杂物，以防外来火种飞入，引发火灾。

47.为什么不能在管道井内堆放杂物?

如果在管道井内堆放各类杂物，特别是一些易燃物品，一旦发生火灾，极有可能殃及楼内住户。有的小区管道井内缺少有效隔断和封堵，楼层上下相通，如果发生火灾，形成烟囱效应，火势会蔓延至多个楼层。

48.离家外出时，要做好哪些消防安全 防范措施？

关窗

 小贴士

我们离家外出时，要认真进行一次安全检查：

① 将家中的明火全部熄灭；

② 关闭家中燃气灶具的开关及燃气管道的总气阀，并查看是否漏气，如有问题应及时解决；

③ 检查家用电器，确保电视、空调、电脑、取暖器等家用电器的开关处于关闭状态；

④ 清理阳台并关好门窗。

49.大家常说的"三清三关"是什么意思?

小知识

　　在家庭消防安全方面,要做到"三清三关",就是清走道、清阳台、清厨房,关火源、关电源、关气源。

50.家庭要常备哪些消防"救命神器"?

为了防患于未然，每个家庭都应该配备相应的消防器材。家庭配备消防器材时可根据家庭成员数量、建筑安全疏散条件等选购以下5类：

① 手提式灭火器。灭火器宜选用手提式 A、B、C 类干粉灭火器，并放置在便于取用的地方，用于扑救家庭初起火灾。

② 灭火毯。灭火毯是由玻璃纤维等材料经过特殊处理编织而成的，能起到隔离热源及火焰的作用，可用于扑灭油锅火或者披覆在身上逃生。

③ 过滤式消防自救呼吸器。过滤式消防自救呼吸器是防止火场有毒气体侵入呼吸道的个人防护用品，由防护头罩、过滤装置和面罩组成，可用于火场浓烟环境下逃生自救。

④ 救生缓降器。救生缓降器是供人员随绳索靠自重从高处缓慢下降的紧急逃生装置，主要由绳索、安全带、安全钩、绳索卷盘等组成，可反复使用。

⑤ 带声光报警功能的强光手电。该手电具有火灾应急照明和紧急呼救功能，可用于火场浓烟及黑暗环境下人员疏散照明和发出声光呼救信号。

这些器材可在消防器材商店选购，选购前可先从中国消防产品信息网上查询拟购器材的市场准入信息，以防买到假冒伪劣产品。

51.常见的消防设施和器材有哪些？

消火栓、火灾报警系统、防烟排烟系统、应急照明、安全疏散标志、灭火器等都是我们身边常见的消防设施。

消火栓可以第一时间为控制火势提供水源。

火灾报警系统能够快速将火情传达到消防控制室。

防烟排烟系统能够有效排除火灾中释放出的有毒烟气。

应急照明、安全疏散标志能为人们从火场当中快速逃生指明方向。

小贴士

无论是单位还是个人，都应该做到：不埋压、圈占、损坏、挪用、遮挡消防设施和器材，以免危急时刻它们无法发挥作用。

52.火灾自动报警系统是如何探测火灾的?

火灾自动报警系统是可以探测初起火灾的装置,根据火灾报警器(探头)的不同,分为烟感、温感、光感、复合等多种形式。例如,烟感报警器通过检测烟雾的浓度来实现发现初起火灾的目的。

火灾自动报警系统可以实现火灾的早期报警,及时通知人员疏散和实施灭火,是现代建筑中最重要的消防设施之一。

53.防火门究竟是常开还是常闭？

　　防火门是指在一定时间内能满足耐火稳定性、完整性和隔热性要求的门。按开闭状态的不同，防火门分为常开式防火门和常闭式防火门两种类型。

　　常闭式防火门是常见的消防设施。火灾发生时，闭合状态下的防火门可以有效延缓过火楼层的火势和浓烟向楼梯间、消防通道或者其他楼层蔓延，为人员安全疏散赢得时间。

小贴士

　　我们要避免贪图方便，人为地使常闭式防火门处于常开状态，更不能为了防盗而将防火门上锁。如果发现防火门被损坏，应该立即联系物业或者管理部门进行维修。

54.喷淋系统是如何工作的？

喷淋系统就是自动喷水灭火系统，是一种在火灾发生时能自动扑救火灾的装置。喷淋系统对于扑救和控制初起火灾，减少火灾损失，有效地保障人身安全具有十分重要的作用。

当火灾发生时，感温式喷淋的喷头在达到一定温度（一般是68℃）后自动爆裂，喷淋管道内的水自动喷射，从而起到灭火的作用。

喷淋系统具有灭火效率高、安全可靠、经济实用、维护简便等优点，是目前国际公认的最有效的自动灭火系统，在公共建筑中应用广泛。

55.消火栓是如何发明的?

 小知识

　　1666 年 9 月,英国伦敦发生了一场燃烧了四天四夜的大火,这场大火烧毁了伦敦城市内大部分的建筑。事后面对一片废墟,伦敦居民终于明白,唯有预防才能减少火灾危害。于是他们开始建造更好的供水系统,虽然使用的还是木制水管,但事先钻好了洞,并用可以活动的塞子堵住洞口。塞子很长,突出地面,这样就标明了供水处,以便在发生火灾时使用。这就是消火栓的由来。中国近代最早出现消火栓的城市是上海。

56.室外消火栓分为哪两类?

室外消火栓按其安装场合主要分为室外地上消火栓和室外地下消火栓两类。

室外地上消火栓,主体部分露出地面并涂成红色,目标明显,易于寻找和使用。

室外地下消火栓,主体部分安装在地面以下的消火栓井内,上面有盖,与地面相平。它不易冻结,不易损坏,但不易寻找和使用。

室外消火栓的主要功能是供消防车或其他移动灭火设备迅速取水实施灭火,当室外消火栓的周围发生火灾时,也可以直接连接水带、水枪实施灭火。

地上消火栓

地下消火栓

57.为什么旋转门不能用于疏散？

1942 年，美国波士顿的一家夜总会发生了一场大火，造成近500 人死亡。大部分人本来是可以逃出去的，但由于大楼的主要出口是旋转门，当人潮涌到出口处时，旋转门被卡住了，无法顺利地旋转，人们都挤在门口动弹不得，许多人眼看就要安全逃脱了，却被卡在旋转门内无法逃生。这是美国历史上伤亡最惨痛的火灾事故。

大火之后，美国修改了法律条款，规定所有旋转门的两边都必须加装侧开的门，以便人员快速疏散。

直到今天，在安全出口的设置要求中都规定安全出口的门应采用平开门，并且向疏散方向开启。

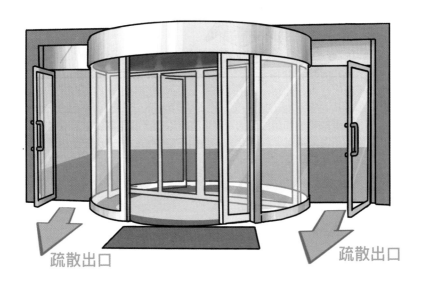

疏散出口　　　　　　　　　　　　疏散出口

58.什么是疏散通道？

疏散通道是指疏散时人员从房间内至疏散楼梯或外部出口等安全出口的走道。疏散通道是发生火灾时，保证人员和物资能够安全撤离险境的主要路径。

疏散楼梯和疏散门的数量、宽度以及疏散距离应符合规范要求，不得采用可燃材料装修，两侧不得使用影响人员安全疏散的反光镜、玻璃等。

小贴士

我们要时刻保持疏散通道畅通，不得占用、堵塞、封闭疏散通道。

59.什么是安全出口?

　　安全出口是指供人员安全疏散用的楼梯间和室外楼梯的出入口或直通室内外安全区域的出口。

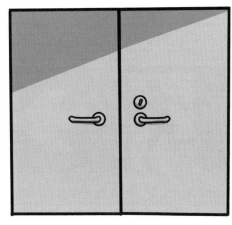

禁止锁闭

保持通畅

小知识

　　安全出口的设置要求如下:

　　① 安全出口设置的数量、宽度和距离符合消防技术规范的要求。

　　② 安全出口的门应采用平开门,并向疏散方向开启。

　　③ 安全出口要保持畅通,禁止锁闭、堵塞或封堵。

　　④ 平时需要控制人员出入的疏散门,应当保证疏散时不用任何工具就能从内部开启,并在现场显著位置设置醒目的提示和使用标识。

60. 你知道安全出口标志上"小绿人"的来历吗?

公共场所的紧急安全出口处都有这样一个标志: 一个奔跑的"小绿人"。它的形象大家都很熟悉, 却很少有人知道它的名字和来历。

1979 年, 这个"小绿人"诞生于日本, 有人叫它 Picto (皮特托) 先生。由于它浅显易懂、辨识度高, 后来成为全世界通用的安全出口标志, 并沿用至今。

"小绿人"的绿色是设计的一个重要元素, 因为绿色在许多国家的文化里代表"安全", 并且在火灾现场非常醒目。

小知识

当你去到一个陌生的地方, 请务必留意 Picto (皮特托) 先生, 它会默默守护你的安全。

61.消防安全标志按照含义可分为哪几类?

　　消防安全标志采用不同的几何形状、安全色及对比色、图形符号色表示不同的含义。消防安全标志按照含义可分为禁止标志、警告标志、提示标志和标示标志 4 类。

禁止标志

禁止吸烟　　　　　禁止烟火

警告标志

当心氧化物　　　　当心易燃物

提示标志

安全出口在左上方　　安全出口在左下方

标示标志

火警电话　　　　手提式灭火器

62.消防安全标志按照功能可分为哪几类？

消防安全标志按照其功能可分为火灾报警装置标志、紧急疏散逃生标志、灭火设备标志、禁止和警告标志、方向辅助标志、文字辅助标志6类，共25个常见标志和2个方向辅助标志。

火灾报警装置标志

消防按钮

紧急疏散逃生标志

击碎板面

灭火设备标志

消防软管卷盘

禁止和警告标志

禁止阻塞　　　当心爆炸物

方向辅助标志

疏散方向　　火灾报警装置或
　　　　　　灭火设备的方位

文字辅助标志

向左或向右皆可到达安全出口

63.什么是消防应急照明灯？

消防应急照明灯是为人员疏散、消防作业提供照明的消防应急灯具。它在正常供电情况下由外接电源供电，在断电时自动切换到蓄电池供电状态，提供应急照明功能。一般高层建筑、商场、公共娱乐场所等人员密集的地方都会配置消防应急照明灯。

 小知识

常见的消防应急照明灯按其安装方式的不同，主要分为以下几种类型：

① 壁挂式应急照明灯，俗称"双头灯"，也是现有建筑中最常见的一种应急照明灯；

② 其他安装方式的应急照明灯。例如，吸顶灯、吊挂式管灯、嵌入式筒灯、轨道式射灯等，其外形设计美观实用，不仅具有应急照明的作用，还可在部分场景中兼作日常照明。

64.什么是疏散指示标志？

　　疏散指示标志是在疏散走道和疏散路线的地面上或靠近地面的墙上设置的为人员安全疏散提供疏散指示的发光标志。

65.什么是避难层？

在超高层建筑中，避难层是一种特殊的安全疏散设施。它是建筑内用于人员暂时躲避火灾及其烟气危害的楼层。封闭式的避难层，周围设有耐火的围护结构（外墙、楼板），室内设有独立的空调和防烟排烟系统，如在外墙上开设窗口时，应采用防火窗。这种避难层设有可靠的消防设施，可以防止烟气和火焰的侵害，同时可以避免外界气候条件的影响。

为保证避难层在建筑物起火时能正常发挥作用，避难层应至少有两个不同的疏散方向。通向避难层的防烟楼梯间，其上下层应错位或断开布置，防烟楼梯间里的人都要经过避难层才能上楼或下楼，这为疏散人员提供了继续疏散还是停留避难的选择机会。同时，上、下层楼梯间不能相互贯通，减弱了楼梯间的"烟囱效应"。楼梯间的门宜向避难层开启，在避难层进入楼梯间的入口处应设置明显的指示标志。

66.火灾中威胁人员生命安全的危险因素有哪些?

 小贴士

　　火灾中威胁人员生命安全的危险因素主要有火场高温、烟气毒害、爆炸、倒塌和踩踏。

　　一般火灾的环境温度能达到400℃以上,远超人的生存极限温度。火场中,各种材料燃烧后产生的气体种类很多,有时多达上百种,这种混合气体中包含着大量有毒气体,如一氧化碳、二氧化氮、硫化氢等。科学家对火灾中遇难人员的死亡原因进行统计分析,发现其中因缺氧窒息和中毒死亡的占80%以上。而长时间的高温,会破坏房屋的承重结构,造成坍塌引发伤亡。此外,人员疏散过程中拥挤、摔倒、踩踏也是造成伤亡的重要原因。

67.火场逃生的基本原则有哪些？

火灾情况千变万化，逃生的路径和方式也有所不同，总的来说，就是迅速镇定、研判火情、主动作为、向外离开。

 小贴士

火场逃生的基本原则：选择安全的疏散通道；避免火场烟热的侵害；利用救生器材或其他工具脱离险境；寻找或创造避难场所。

68.大火封门怎么办？

发生火灾，准备逃生的时候，如果大火已经封门，无法从疏散通道逃生，就只能停留在房间内。此时，要马上紧闭迎火面的门窗，用浸湿的毛巾、衣物等堵住门缝，尽可能阻止烟气进入室内。在阳台或者窗边固守待援，不可盲目跳楼。拨打119火警电话，准确地告知所处楼层和房间方向，方便救援人员第一时间组织救援。如果是在晚上，要借助手电筒、手机等可以发光的物品，让救援人员能够火速定位实施救援。

69.如何利用救生器材或其他工具脱离险境?

 小贴士

　　常见的救生器材有缓降器、逃生梯、逃生绳等。如果我们掌握了它们的使用方法,就能在关键时刻进行自救。

　　① 在使用专业救生器材的时候,一定要将救生器材固定在墙体等牢固位置,并检查是否绑定牢固,否则极有可能造成高坠。

　　② 如果没有专业救生器材,那么在紧急情况下,可利用粗绳索,或将窗帘、床单、被褥等拧成绳,然后将其一端拴在牢固的暖气管道、窗框或床架上,另一端投到室外,而后沿自救绳慢慢滑到地面或下一楼层逃生。

　　③ 利用自然条件逃生。被困人员在疏散时,在没有任何救生器材的情况下,可充分利用建筑物本身及附近的自然条件进行自救,如阳台、窗台、屋顶、落水管、避雷线,以及靠近建筑物的低层建筑屋顶或其他构筑物等。但要注意查看落水管、避雷线是否牢固,若已被火烘烤、烧断,则不能利用。

70.遇到火灾时为什么不要贸然跳楼？

如果被火困在 3 层楼以下的楼层内，烟火紧逼，时间紧迫，既无法利用救生器材或其他工具脱险，也得不到他人救助时，可以选择跳楼逃生。

如果消防员准备好了救生气垫，那么被困人员要四肢伸展，对准气垫上的标识跳下。如果没有救生气垫，那么可将席梦思床垫、沙发垫、厚棉被等抛到楼底作缓冲物。

遇到火灾时
不要贸然跳楼！

跳楼虽然是一种逃生手段，但会对身体有一定的伤害甚至造成死亡，所以要慎之又慎。遇到高层建筑火灾时，特别是在火灾初起阶段，不要贸然跳楼逃生。

小贴士

在火灾刚发生时，可趁火势还小，用灭火器等消防器材在第一时间灭火，并及时拨打 119 火警电话。如果发现楼内火势难以控制，那么应尽量利用建筑物内的防烟楼梯间、封闭楼梯间、有外窗的通廊和室内设置的缓降器、安全绳等设施迅速逃离火场。如果不能及时离开火场，那么可选择进入避难场所躲避，等待救援。

71.如何寻找或者创造避难场所？

　　在不具备安全疏散条件时，我们可利用建筑中设置的避难间避难。如果没有避难间，我们可创造临时的避难场所，等待救援。

　　① 若身处室内，开门前要先用手触摸门把手，如果温度很高或有烟雾从门缝钻进来，那么千万不要贸然打开房门，应退守房间内采取相应的对策：用湿布条堵塞门窗缝隙，用水浇在已过火的门窗上。若身处设有避难层的高层建筑，在无法逃离大楼时，可以暂时留在避难层等待救援。

　　② 若身处被大火和浓烟封堵的通道无法逃离时，一定要靠墙躲避。因为消防员进入室内时，都是沿墙壁摸索行进的，所以当被烟气呛到失去自救能力时，应努力爬到墙边或者门口，便于消防员寻找、营救。

　　③ 在暂时无法逃至安全地带的情况下，要尽可能转移至靠近马路的窗口、阳台、天台等容易被人发现的避难场所，同时向救援人员发出求救信号，如呼喊、挥舞颜色鲜艳的衣服或布条等。如果是在晚上，那么可以用手电筒等在窗口闪动或敲击东西，以便救援人员及时发现并组织救援。

72. 火场逃生时为什么要尽量"猫着腰"?

小知识

火灾发生时,我们为什么要尽量"猫着腰"逃生呢?

①燃烧会产生大量的有毒有害气体和物质,主要有一氧化碳、二氧化碳、氮氧化物、氰化物、硫氧化物等。人体如果吸入过量的一氧化碳等有毒有害气体和物质,极易在短时间内窒息死亡。

②一般有毒有害气体的密度比空气的密度小,因而有毒有害气体会随着大火燃烧产生的热流向上运动。一般而言,越接近地面,空气的质量相对越好,越不容易让人窒息。

因此,火场逃生时以"猫着腰"的姿势前行最为适宜。

73.疏散逃生时一定要匍匐爬行吗？

"匍匐爬行"是当烟气浓度太大导致直立行走影响呼吸时的逃生方法。不是所有的火灾都需要匍匐爬行逃生，若烟气浓度不大，则不需要匍匐爬行逃生，可以通过弯腰快速行走的方法逃离火灾现场。而且，在慌乱的火灾现场，大家通常都会以最快的速度逃离，如果有人在匍匐爬行，快速到达此处的人群来不及停下脚步，很容易发生踩踏事故。

74. 疏散逃生时一定要用湿毛巾捂口鼻吗?

 小贴士

　　火灾疏散时，用湿毛巾捂住口鼻是一种逃生方法，但有人提出在没有水的情况下，可以用啤酒、饮料，甚至尿液打湿毛巾，捂住口鼻逃生。这是误导，不可效仿。

　　用湿毛巾捂住口鼻的目的是减少烟气的危害，毛巾折叠8层，可以有效地减少烟气的吸入。虽然湿毛巾可以减少火场烟气的吸入，但无法阻止有毒气体。因此，疏散逃生时，在现场烟气浓度不大的情况下，可以选择快速逃离火场。

75.火场逃生时一定要顶着湿棉被吗？

头顶湿棉被逃离火场，是很多消防知识科普漫画中的场景。

火场逃生时，一般不建议顶着湿棉被，一是打湿棉被需要花费大量宝贵的逃生时间，二是棉被拖在地上，容易造成踩踏，影响逃生。

小贴士

在火场中，棉被是可以用来扑救一些初起火灾或封堵门缝防止烟气进入的。

在逃生时，千万不要为了寻找并打湿棉被耽误逃生时机。

76.火场逃生时要朝着光亮的方向跑吗?

在紧急的情况下，人出于本能，会想向着有光、明亮的地方逃生。光和亮虽然意味着生存的希望，有时能为逃生的人指引方向，但是在复杂的火场环境下，有光亮的地方可能是火魔肆虐的地方。因此，面临危险的时候，切记保持冷静，有光亮的地方，可能是窗口，可能是火源，也可能就是出口，一定要根据所处的情况和位置分析清楚，不能盲目地往有光亮的地方逃生。

77.发生火灾时一定要原路逃生吗？

"原路逃生"是最常见的火灾逃生行为模式。一旦发生火灾，人们总是习惯沿着进来的出入口和楼道逃生，在发现此路被封死时，才会去寻找其他出入口，但此时也许已经失去了最佳逃生机会。

 小贴士

当我们进入一个新的场所时，一定要注意观察周围的环境，了解安全出口的位置，记住疏散方向。一旦发生火灾，要有秩序地迅速撤离。

78.发生火灾时为什么不能乘坐普通电梯逃生?

火灾逃生时要走疏散楼梯，不能乘坐普通电梯。

① 电梯井都是竖井，直通楼房各层，一旦发生火灾，火场烟气涌入电梯井时极易形成"烟囱效应"，加速大楼内部的火势蔓延，电梯里的人员可能会因浓烟毒气熏呛而窒息死亡。

② 火灾发生后，一般会第一时间停电，以避免救援人员和疏散人员触电。如果此时乘坐电梯，就会被困在电梯内而无法脱险。

79.向上逃生还是向下逃生？

　　火灾逃生的核心是躲火避烟，远离着火区域。高层建筑发生火灾后，首选向下、向地面的方向逃生，尽量避免向上疏散。

　　如果向下的通道被大火或烟热封堵无法逃生，应返回至最近楼层固守待援。

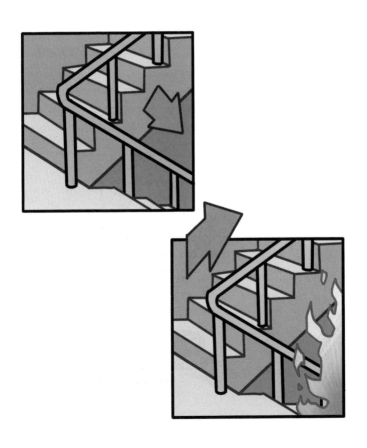

80.常用的逃生器材有哪些？

　　逃生器材是在发生火灾的情况下，遇险人员从建筑物外空间逃离火场时所使用的辅助逃生装置，是对建筑物内疏散通道的必要补充。

　　① 常见的逃生避难器材有缓降器、悬挂式逃生梯、逃生绳等。

　　② 有些逃生器材可以在逃生的时候开辟道路，如消防斧、逃生锤等。

　　这些常见的逃生器材都是简单易用的，大家不妨储备一些。

81.如何使用过滤式消防自救呼吸器?

过滤式消防自救呼吸器,俗称防烟面罩,是防止火场有毒气体侵入呼吸道的个人防护用品,宜在家中常备。

 小贴士

过滤式消防自救呼吸器的使用方法如下:

① 先由下巴处向上佩戴,再适当调整头带。

② 佩戴时面罩必须保持端正,鼻子两侧不应有空隙。

③ 面罩的带子要系牢,要调整到面罩不松动、不挤压脸鼻、不漏气。

④ 戴好面罩后,用手掌堵住过滤盒的进气口并用力吸气,若面罩与面部紧贴不漏气,则表示面罩的气密性好。

家中配备的过滤式消防自救呼吸器要在有效期内使用,且仅供一次性使用,不是配备了就可以一直使用的。

82.逃生演练练什么？

演练，既要演，又要练。

演的是发生火灾等突发情况时，急救的基本流程，比如模拟事故的起因、救援过程。

练的是警惕性和反应力。很多危险的发生是有前兆的，比如火灾通常都有从小火到大火的一个发展过程，我们要提高警惕性和反应力，在危险发生前就快速逃离现场。

很多行业要在演练的时候组织相关安保人员学习如何现场引导人员疏散和快速响应处置。

演练时，要熟悉逃生演练针对的灾害类型，掌握相应的灾害应对方法，要有代入感，不能嬉笑吵闹，要严肃对待。

组织演练的人员要认真示范各类设施、装备的使用方法，参与组织的人员要仔细听讲，掌握其规范要点。

83.家庭火灾逃生的要点有哪些?

 小贴士

家庭火灾逃生的要点如下:

①尽快撤离。不要钻到床底下、藏到衣橱里。因为这样既容易中毒窒息,又难以被发现,无法被及时营救。

②躲避烟雾。若备有防烟面罩,要及时佩戴;若没有防烟面罩,应根据烟气的不同位置采用不同的姿势(直立疾走或弯腰探步或跪爬低姿)逃生。

③首选楼梯。尽可能沿安全疏散指示标志指引的方向找安全出口,向下疏散逃生时,走楼梯,不要乘坐电梯。

④随手关门。出房间后关户门;进入疏散楼梯后,要随手关上楼梯间的防火门,防止烟气进入。

⑤不恋财物。千万不要在撤离火场后再次返回。

⑥巧用器材。如果家中备有缓降器、逃生绳等逃生器材,在大火封门无法逃生的情况下,可使用这些器材快速转移至安全地带。

⑦等待救援。当门外火焰的温度很高,烟气较浓,身边又无逃生器材时,要用湿棉被、毛毯、衣物等将门缝封堵,防止烟气窜入,有条件时,要不断向门上泼水降温,同时拨打119火警电话,等待救援。

84.如何制订家庭火灾逃生计划？

万一家里发生火灾，你和家人能迅速安全逃生吗？应该从哪条通道逃生？去哪里会合呢？现在，请全家一起动手制订一个家庭火灾逃生计划吧，或许它在未来能挽救你和家人的生命。

 动动手

制订家庭火灾逃生计划的步骤如下：

第一步：画出家庭的平面图。

第二步：在平面图上标出所有可能的逃生出口。

第三步：若有可能，尽量为每个房间画出两条逃生路线。

第四步：重点关注火灾发生时家里其他需要帮助的人员。

第五步：在户外确定一个会合点。

第六步：一定记得实地演练。

85.进入公共场所应注意哪些安全疏散方面的事项？

一般来说，商场、酒吧、饭店、宾馆等公共场所都会在大门口、电梯口、楼道口或者房门后等显著位置张贴该区域的消防疏散示意图，图上会标注疏散路线以及安全出口、疏散通道的具体位置。因此，当我们去到这类场所，一定要有意识地查看一下消防疏散示意图，注意观察安全出口和疏散通道的位置。

86. 大型城市综合体火灾疏散逃生的要点有哪些？

　　大型城市综合体火灾疏散逃生的要点如下：

　　① 进入城市综合体后，熟悉环境为第一要务。应留意安全出口和消防通道的位置，万一发生火灾，先要判断疏散方向，不要盲目奔跑。

　　② 选择最优逃生线路。火灾时，人们大多倾向于选择熟悉的路线逃生，往往会忽略那些不熟悉但更快捷有效的疏散出口，使得人员疏散分流极度不均匀，甚至造成拥堵，严重影响人员安全疏散。

　　③ 如果在夜间发生火灾，切断电源后，不要盲目趋光，因为光亮的地方可能正是起火点；也不要盲目随人群拥挤逃生，以免发生踩踏。

　　④ 城市综合体相关管理人员要定期对员工进行消防安全培训。一旦发生火灾，各司其职，通过广播、现场指引等方式对现场人员进行疏散。

　　⑤ 疏散逃生的同时，须做好防烟工作。如果烟雾过大，可用湿毛巾、衣服等捂住口鼻。管理人员除了为现场人员提供湿毛巾、防烟面罩外，在引导疏散的同时应采用多种方式加大火场排烟力度。

87.公共交通工具火灾疏散逃生的要点有哪些?

公共交通工具火灾疏散逃生的要点如下:

① 车门逃生。车门上方一般都配有一个车门开启安全阀,如果发生火灾,那么乘客只要将此安全阀按照指示箭头旋转,然后手动将门打开下车即可。如果行驶中的地铁发生火灾,那么要迅速按响车厢里的报警装置,向列车司机报告火情。

② 车窗逃生。如果是滑动车窗,那么打开车窗从车内跳出即可。如果是封闭车窗,就可用安全锤敲打玻璃的边缘和四角,或按照车窗指示的敲击点击碎玻璃逃生。如果没有安全锤,那么可以利用一切坚硬、尖锐的物品来击碎玻璃。

③ 天窗逃生。如果车辆配备有天窗,在紧急情况下可将天窗推开,开辟安全出口。如果发现衣服着火,那么要尽快脱下着火的衣服并就地打滚,压灭身上的火苗。

88.高层建筑火灾疏散逃生的要点有哪些？

高层建筑火灾蔓延速度快，扑救难度大，安全疏散困难，因此，掌握必要的疏散逃生要点很重要。

高层建筑火灾疏散逃生的要点如下：

① 疏散楼梯最可靠。无论是住在高层建筑还是身处高层建筑内，一旦发生火灾，必须立即通过疏散楼梯逃离。

② 随手关闭防火门。进入疏散楼梯后，要随手关上楼梯间的防火门，迅速沿墙体右侧往下走，并让出左侧楼梯，以免阻挡上来救援的消防员。

③ 借助手电筒照明。在夜间或断电时，可用手电筒照明。

④ 固守待援防烟气。在无法通过楼道、疏散楼梯逃生的情况下，应等待救援，如选择火势、烟雾难以蔓延的房间，关好门，用湿毛巾等堵塞门缝，防止烟气进入房间，然后在阳台或窗口大声呼救，挥舞色彩鲜艳的衣物、敲打金属物件等发出求救信号，引起救援人员的注意，帮助自己脱离险境。

⑤ 借助器材逃生。如楼内配备缓降器等建筑物火灾逃生器材，可以使用这类器材逃生。

89.多层住宅建筑火灾疏散逃生的要点有哪些?

多层住宅建筑发生火灾时，疏散逃生的要点如下:

① 尽快采取防护措施，扶老携幼从楼梯逃生，并敲打其他住户的房门，提醒屋内人员迅速撤离。

② 被烟火围困人员应尽量待在阳台、窗口等易被人发现并能躲避烟火的地方发出求救信号，等待救援。

③ 被困人员可以利用逃生绳、缓降器等器材逃离火场，也可借助建筑的落水管、晒衣架、空调外机、阳台之间搭桥等方法脱离险境。

90.燃气泄漏时为什么不能开灯?

我们时常听人说:燃气泄漏的时候千万不能开灯,否则可能会引起爆炸,后果不堪设想。

这到底是什么原因呢?原来,开灯时,电流接通的一刹那会产生电火花,虽然这种电火花很小,我们甚至看不到,但其温度却不低,一旦瞬间点燃泄漏的燃气,就可能会引起爆炸。

同理,在燃气泄漏现场也不能打电话。

 小贴士

一旦发现燃气泄漏,正确的做法是什么呢?

① 迅速打开窗户和门进行通风,让新鲜空气进来,降低室内燃气的浓度,并快速关闭燃气的阀门,防止燃气继续泄漏。

② 同时要绝对禁止一切能引起火花的行为:不能开灯,不能打开抽油烟机和排风扇,不能点火,也不能在室内拨打电话。

③ 阀门关闭后要马上跑到室外空气新鲜的地方,尽快打电话报警。

91.身上的衣服着火时为什么不能奔跑？

身上的衣服着火时，如果奔跑，就会加速空气流动，使火越烧越旺，并且会把火种带到其他场所，引起新的燃烧点。

停住：
停下脚步，不能奔跑。

趴下：
面部朝下，跪地趴下。

翻滚：
双手捂脸，来回滚动，
直至压灭火苗。

 小贴士

　　身上的衣物着火时，最简单的办法是设法把衣物脱掉；如果来不及脱，可立即卧倒在地上打滚，把身上的火苗压灭；或者跳入就近的水池、小河当中去，把身上的火熄灭。如果皮肤已经被烧伤，要抓紧时间就医。

92.如何正确地拨打火警电话?

如果发现火灾，我们要及时拨打 119 火警电话，并将火灾发生的具体位置等信息清楚完整地表达出来。这样消防员才可以第一时间赶到火灾现场，展开灭火救援行动。

小贴士

拨打 119 火警电话要讲清楚以下内容:

① 详细地址。说明火灾发生的详细地址，包括街道、楼层、门牌号码、乡镇、村庄的名称，以及周围有没有明显的建筑物或单位。

② 起火物。说明起火物，讲清楚起火的物品是什么，比如电器、油类、电动车等。

③ 人员及火势。说明人员被困情况，讲清楚火势的猛烈程度，比如有没有看到冒烟、火光等，有无爆炸和毒气泄漏等。

④ 留下自己的姓名和电话号码，以便消防员电话联系，及时了解火场情况。

报警后，在力所能及的情况下，迅速赶到交叉路口接应消防车，以便消防员迅速赶至火灾现场。

93.除了拨打火警电话，还可以使用什么方法发出警报？

发现火灾时，我们除了拨打火警电话，还可以使用下面的方法发出警报：

① 最简单的方法是高声呼喊，向周围的人员报警。

② 使用火灾报警装置向起火单位和人员发出警报。现在很多公共建筑内都安装了手动火灾报警按钮，一旦发现火灾，只要将报警按钮按下，即可启动火灾自动报警系统的警报装置。

需要注意的是，启动报警系统只可第一时间在起火建筑内发出火灾警报，因此仍需及时拨打火警电话向消防部门报警。

94.灭火器按充装灭火剂的不同可分为哪几种?

　　灭火器按充装灭火剂的不同可分为干粉灭火器、水基型灭火器、二氧化碳灭火器、洁净气体灭火器等。

　　家庭常用的灭火器为干粉灭火器、水基型灭火器。

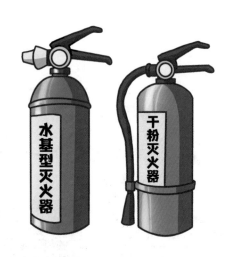

95.干粉灭火器适用于扑救哪些火灾?

　　干粉灭火器内充装的灭火剂是干粉。该类灭火器的结构简单、操作方便，灭火效能高，是我国目前使用比较广泛的一种灭火器。干粉灭火器根据内部充装的干粉灭火剂的不同，主要分为碳酸氢钠干粉灭火器和磷酸铵盐干粉灭火器。

 小知识

　　碳酸氢钠干粉灭火器又称为 BC 干粉灭火器，可扑救液体（B类）、气体（C类）火灾。

　　磷酸铵盐干粉灭火器又称为 ABC 干粉灭火器，适用于扑救固体（A类）、液体（B类）、气体（C类）火灾。

96.干粉灭火器压力表上的颜色分别代表什么含义？

 小知识

　　干粉灭火器压力表的指针指在红色、绿色和黄色区域时，分别代表的含义如下：

　　① 当指针指在红色区域时，表示灭火器内压力较小，低于安全值，可能导致粉末不能喷出或者干粉灭火器已经失效。这时应该到正规的消防器材店重新充装干粉。

　　② 当指针指在绿色区域时，表示灭火器内压力正常，处于良好的工作状态，可以正常使用。

　　③ 当指针指在黄色区域时，表示灭火器内压力过大，可以喷出干粉，却有爆炸的危险，最好将灭火器拿到正规的消防器材店重新充装干粉。

97.如何使用手提式干粉灭火器？

手提式干粉灭火器的使用方法如下：

① 拔下保险销；

② 握住软管；

③ 将喷嘴对准火焰根部，用力按下压把，来回扫射进行灭火。

干粉灭火器在灭火过程中应始终保持直立状态，不得横卧或颠倒使用。

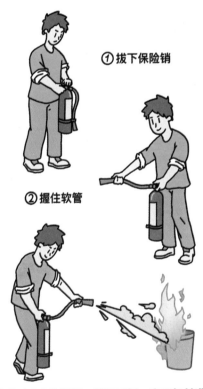

① 拔下保险销

② 握住软管

③ 将喷嘴对准火焰根部，按下压把，来回扫射进行灭火

98.水基型灭火器适用于扑救哪些火灾?

　　水基型灭火器是指内部充入的灭火剂是以水为基础的灭火器,是一种高效的灭火器。

　　常用的水基型灭火器分为清水灭火器、水基型泡沫灭火器和水基型水雾灭火器 3 种。

小知识

　　清水灭火器主要适用于扑救固体物质火灾,不适用于扑救油类、电气、轻金属和可燃气体火灾。

　　水基型泡沫灭火器能扑救可燃固体和液体的初起火灾。

　　水基型水雾灭火器主要适用于扑救可燃固体火灾。

99.泡沫灭火器适用于扑救哪些火灾?

泡沫灭火器可喷射出大量泡沫，黏附在可燃物上，使可燃物与空气隔绝，达到灭火目的。

 小知识

泡沫灭火器适用于扑救油脂类、石油产品及一般固体物质的初起火灾，不可用于扑救带电设备的火灾。

100.二氧化碳灭火器适用于扑救哪些 火灾?

二氧化碳灭火器是利用其内部充装的液态二氧化碳,在喷出时迅速汽化的二氧化碳气体进行灭火的灭火器。

其灭火原理有隔绝空气、降低空气中的含氧量和降低燃烧区的温度,主要是通过降低空气中的含氧量的原理灭火,当燃烧区空气中的含氧量低于维持物质燃烧所需的极限含氧量时,燃烧因缺乏氧气而熄灭。

二氧化碳灭火器主要适用于扑救贵重设备、档案资料、仪器仪表、电气设备及油类的初起火灾。

 小贴士

使用手提式二氧化碳灭火器灭火时应注意防冻,使用时要尽量防止皮肤因直接接触喷筒和金属管而造成皮肤冻伤。

101.油锅起火怎么办?

如果遇到油锅起火，千万不要用水浇。水遇到高温的油迅速汽化，剧烈的汽化过程会把油也带入空气中，形成油水汽混合物，与氧气充分接触形成爆燃，这就是通常所说的"炸锅"！

正确处理油锅起火的几种方法：

方法一：用锅盖盖住起火的油锅，使燃烧的油火接触不到空气，油锅里的火便会因缺氧而熄灭。

方法二：用手边的大块湿布盖住起火的油锅，也能起到与盖锅盖一样的效果，但要注意覆盖时不能留下空隙。

方法三：如果厨房里有切好的蔬菜或其他生冷食物，可沿着锅的边缘倒入锅内，利用蔬菜、食物与着火油的温度差，使锅里燃烧的油迅速降温。当油达不到燃点时，火就自动熄灭了。

102.液化气钢瓶着火怎么办？

2019年10月13日11：00，江苏省无锡市的一家小吃店发生燃气爆炸事故，造成9人死亡，10人受伤。此事故发生后，关于液化气钢瓶着火后是先灭火还是先关阀门的话题引发了大量网友的关注。

液化气钢瓶一旦着火，要根据现场情况，采取不同的处置措施。

① 在液化气钢瓶阀门完好的情况下，首选是关阀门，阀门关了火就灭了。网上流传的"先灭火、后关阀，否则会回火导致爆炸"的情况，在液化气钢瓶着火时是不会发生的。而在燃气管道着火时，如果快速关闭阀门，就会导致管道内的压力快速下降，管道外面的压力比里面的压力大，从而把火压到管道里造成回火。消防员在处置燃气管道着火时，首先会慢慢把管道阀门关到最小状态，把火焰降到最小后，再关阀灭火。这样做是为了防止回火。液化气钢瓶的瓶体和瓶口较小，相对来说压力较小，不会产生压力差，而且液化气钢瓶里面的压力比外界的大，因此不会产生回火现象。

② 如果着火的液化气钢瓶的阀门损坏，可以不灭火，先把液化气钢瓶拎到空旷地带直立放置，再用水冷却瓶身，等待液化气燃烧完毕即可；如果着火的液化气钢瓶在居民家中无法转移，可以先灭火，再用湿抹布等物品堵住瓶口，将其送至专业的液化气站进行处置。

103.如何使用室内消火栓?

室内消火栓的操作方法如下:

先打开消火栓箱门、拉出水带、拿出水枪,将水带的一头与消火栓出水口接好,另一头与水枪接好,然后展开水带,一人握紧水枪,另一人按下火灾报警按钮,向消防控制中心发出报警信号或远距离启动消防水泵,最后开启消火栓闸阀,通过水枪产生的射流将水射向着火点。

使用消防软管卷盘时,首先打开箱门将卷盘旋出,然后拉出胶管和小口径水枪,开启供水闸阀即可进行灭火。使用完毕后,先关闭供水闸阀,待胶管排除积水后卷回卷盘,将卷盘转回消火栓箱。

消防软管卷盘可 2 人操作,一人拿出水管,另一人打开水阀放水,进行灭火。

104.生活中有哪些随手可取的灭火器材?

　　现实生活中,未必随手就有灭火器。其实除了专业的灭火器材,我们身边也有许多随手可取的"灭火器",可以达到灭火的效果。

　　① 用湿毛巾、湿抹布、湿围裙等直接盖住火苗,将火熄灭。

　　② 若发生汽油、柴油泄漏引发的火灾,则用沙土覆盖灭火。

　　③ 对于一般固体火灾,装水的水桶、水壶、水盆都可以作为简易灭火器材使用。

沙土　　　　　　　　　水桶

105.为什么不要组织未成年人灭火？

《中华人民共和国消防法》第五条明确规定：任何单位和成年人都有参加有组织的灭火工作的义务。而对于未成年人，我们不应组织他们参与灭火。因为未成年人身体、心智都尚未发育成熟，分析问题和处理问题的能力相对薄弱，面对复杂多变的火场，他们很可能不能做出正确的判断和应对，从而造成不必要的人员伤亡。所以未成年人遭遇火灾时应该尽快逃生。

106.为什么"三合一"场所火灾危险性大？

2018年8月2日5时许，上海市宝山区的一家经营电动自行车的店铺发生火灾，造成居住在内的5人死亡。据了解，起火点的一楼为门店，店内有人住宿，是典型的"三合一"场所。

所谓"三合一"场所，是指住宿与生产、仓储、经营中的一种或一种以上使用功能违章混合设置在同一空间内的建筑。这类建筑空间可以是独立建筑，也可以是建筑中的一部分，且住宿与其他使用功能之间未设置有效的防火分隔。

"三合一"场所具有投资小、规模小、人员密度大、火灾隐患大的特点，一旦发生火灾，燃烧快速，火势猛烈，烟雾浓密，疏散困难，极易造成人员伤亡。

 小贴士

"三合一"场所火灾危害性大的主要原因如下：

①"三合一"场所往往先天性火灾隐患多，建筑耐火等级低，防火间距不足，疏散通道不畅，消防设施缺乏。

②很多"三合一"场所都存在层层分包转租的情况，造成产权不明、责任不清，消防安全基本上无人过问。

③许多从业人员没有接受正规的消防安全教育培训，灭火和逃生技能不足。

107.什么是消防车通道?

消防车通道,是指火灾时供消防车通行的道路。畅通的消防车通道是消防车顺利到达火场,消防员迅速开展灭火救援行动的重要保障。

然而在日常生活中,消防车通道被私家车堵塞、被商铺等临时建筑占用的情况却十分普遍。维护消防车通道畅通是全社会的共同责任,无论是单位、小区还是个人,都要自觉遵守规定,维护消防车通道的畅通,不得占用、堵塞消防车通道。

108.如何畅通消防"生命通道"？

消防"生命通道"是发生火灾等紧急情况时，消防员实施灭火救援和疏散被困人员的通道。消防车通道、安全出口、疏散通道和疏散楼梯等都是消防"生命通道"。

 小贴士

为确保消防"生命通道"畅通，我们应该做到以下几个方面：

① 保持楼道畅通。切勿在走道、楼梯拐角等位置堆放杂物，保持安全出口和疏散通道畅通无阻。

② 标划消防车通道标识。根据居民小区的建成年代、建筑高度、周边环境、道路通行、车位缺口等情况，对消防车通道实施划线、标名、立牌。

③ 加强群防群治。小区居委会、业委会、物业要齐心发力，将严禁占用消防车通道纳入居（村）民防火公约，认真履行车辆日常管理义务，积极开发小区停车资源，通过提高管理水平来解决停车难题。

④ 落实移车机制。小区物业要建立消防"生命通道"应急保障机制，通过登记车主电话信息、预留车钥匙和配置移车器等手段，确保在紧急情况下能第一时间移动车辆，保障消防车顺利通行。

109.什么是微型消防站？

微型消防站是依托社会单位现有消防组织体系和社区农村群防群治力量组建的"志愿消防队""消防工作站"的升级版。微型消防站建设应按照相关规定要求，根据实际情况，配备符合要求的执勤（值班）室、装备器材和相关人员，落实队伍备案、防火巡查、业务训练、人员培训、执勤值守等规章制度。

110.发现火灾隐患如何举报？

如果我们发现消防安全违法行为及火灾隐患，第一时间向哪里反映呢？该如何举报呢？我们可以向物业、居（村）委会反映，也可以拨打12345政务服务便民热线举报。拨打12345政务服务便民热线举报时，我们应详细说明消防安全违法行为及火灾隐患的具体时间、地点和情形。消防部门对举报人的身份信息等将进行严格保密。

111.如何维护社区的消防设施和器材？

社区物业管理企业应安排专人负责消防设施、器材的维护保养，定期开展防火巡查、检查；维护管理人员应熟悉消防设施、器材的放置位置、性能和维护要求。

社区应每年对市政水源的供水能力进行一次测定；每季度对水喷淋管网上的阀门、喷头和压力表做一次检查，并打开末端放水阀，释放锈水；每季度对火灾报警设施联动功能进行一次检测和试验；每月对消防水带、水泵接合器、消防水泵、灭火器材等进行一次维护检查。每次对消防设施、器材的检查及维护保养都要进行记录，并对灭火器材的品种、数量、购置时间、有效期限等登记造册，建档立卡。

社区要强化日常消防安全管理，严禁埋压、圈占、损坏、挪用、遮挡消防设施和器材。

112.为什么要开展老旧居民小区消防设施增配或改造？

　　老旧居民小区因建造年代久远，内部建筑构件和电气线路老化严重，还受消防设施缺损、公共部位堆物、人员安全意识淡薄等综合因素的影响，动态隐患增多、火灾风险加大，人员逃生自救和灭火救援行动开展困难，一旦发生火灾，极易造成人员伤亡。

　　因此，一方面要结合城市发展规划，加快拆旧改造的进程；另一方面要持续通过政府实事项目等，有针对性地改善此类住宅小区的消防安全环境，实现短期内抗御火灾等级的系统提升。

113.社区要设置哪些消防宣传设施？

为了有效预防和减少火灾事故的发生，最大限度地降低火灾危害，居委会、物业管理企业要经常向居民、社区单位宣传消防基本常识，开展消防安全教育。

社区要设置的消防宣传设施如下：

① 设置社区消防宣传教室，配备消防宣传影像、海报、图书和法律读本等宣传资料。

② 设置消防宣传教育橱窗或宣传栏，通过社区电子阅报栏、小区楼宇电视、户外显示屏等滚动播放消防安全公益广告和安全提示。

③ 有条件的社区可建立消防科普教育场馆，开展"体验式"消防宣传教育。

114.社区消防宣传队伍由哪些人员组成?

　　社区消防宣传队伍由社区消防宣传负责人主导，社区民警、社区消防宣传大使、小区负责人、物业服务企业员工、楼组长和消防志愿者共同组成。

115.如何成为一名消防志愿者?

市民可以通过中国消防志愿者注册管理平台注册成为消防志愿者,关注"中国消防"微信公众号或搜索"消防志愿者"小程序,点击页面下方的"志愿服务"按钮,登录注册后便可成为一名消防志愿者,参与消防活动、学习消防知识、了解消防资讯。

116. 出租房屋失火，房东、租客谁担责？

2016 年 1 月 23 日，成都市武侯区吉福村某自建房因电气线路短路引发火灾，造成 3 人死亡、6 人轻伤。法院以犯失火罪判处租客谭某有期徒刑一年十个月，以犯失火罪判处房东有期徒刑一年六个月，缓刑二年。

近年来，因为出租房屋管理不规范，房东和租客的消防安全意识薄弱，酿成了不少惨剧。

小贴士

对于出租房屋的消防安全，房东和租客都有责任。

房东的消防安全责任

① 房东是消防安全的第一责任人，不可将不符合消防安全条件的建筑用于出租。例如，地下室、半地下室、厨房、卫生间、阳台不得出租。

② 房间严禁使用可燃材料间隔；出租房的窗户或阳台不得安装全封闭式的防盗窗。

③ 不得堵塞出租房屋的疏散通道和安全出口等。

租客的消防安全责任

① 租客应严格遵守消防安全管理规定，不得擅自增加居住人数、擅自转租、擅自改变房屋使用功能和结构。

② 对发现的火灾隐患应当自行或者通知房东消除。

③ 要自觉遵守消防法规，不私拉电线，不超负荷使用电器，安全使用燃气。

④ 不堆放易燃易爆物品。

⑤ 自觉维护楼道内的消防设施、器材，不占用或封堵楼梯走道或出口。

⑥ 发现火灾要迅速报警，起火后要第一时间逃生，不要贪恋财物。

117.物业服务企业有哪些消防安全管理责任？

 小知识

　　物业服务企业在住宅物业消防安全管理中是重要的责任主体。物业服务企业的消防安全管理责任包括：

　　①制定并实施管理区域的消防安全制度、操作规程和消防档案管理制度，实行消防安全责任制，组织物业服务企业员工接受消防安全培训。

　　②定期开展管理区域内共用部位的防火巡查、检查，消除火灾隐患，保障疏散通道、安全出口、消防车通道畅通，保障消防车作业场地不被占用。

　　③定期进行管理区域内共用消防设施、器材及消防安全标志的维护管理，确保完好有效。

　　④制定灭火和应急疏散预案，定期开展消防演练等。

　　⑤物业服务企业应当按照规定设置消防安全标志并建立消防档案。如果物业服务合同终止，物业服务企业应当将消防档案移交至业主委员会；业主大会已经选聘新的物业服务企业的，新的物业服务企业也应当参与消防档案移交。

118.没有物业服务企业的住宅小区如何落实消防安全管理责任？

对没有物业服务企业、由业主自行管理的住宅小区，由负责自行管理的执行机构参照物业服务企业的职责履行消防安全职责。

消防演习

119.公民消防安全法定义务有哪些？

《中华人民共和国消防法》关于公民消防安全法定义务的规定主要有：

① 任何人都有维护消防安全、保护消防设施、预防火灾、报告火警的义务；任何成年人都有参加有组织的灭火工作的义务。

② 任何人不得损坏、挪用或者擅自拆除、停用消防设施、器材，不得埋压、圈占、遮挡消火栓或者占用防火间距，不得占用、堵塞、封闭疏散通道、安全出口、消防车通道。

③ 任何人发现火灾都应当立即报警；任何人都应当无偿为报警提供便利，不得阻拦报警；严禁谎报火警。